# 海草床
# 公众监测
# 野外实用指南

Field Guidelines for Citizen Monitoring of
Seagrass Habitat

U0202106

张甲林　陈石泉　程　成　吴钟解　编

海洋出版社

2022年·北京

**图书在版编目（CIP）数据**

海草床公众监测野外实用指南 / 张甲林等编. — 北京：海洋出版社，2022.9

ISBN 978-7-5210-0995-8

Ⅰ. ①海… Ⅱ. ①张… Ⅲ. ①海草－监测－指南 Ⅳ. ①Q949.2-62

中国版本图书馆CIP数据核字(2022)第156883号

海草床公众监测野外实用指南
HAICAOCHUANG GONGZHONG JIANCE YEWAI SHIYONG ZHINAN

责任编辑：林峰竹
责任印制：安　淼

海洋出版社 出版发行
http://www.oceanpress.com.cn
北京市海淀区大慧寺路 8 号　　邮编：100081
鸿博昊天科技有限公司印刷　　新华书店北京发行所经销
2022年9月第1版　　2022年10月第1次印刷
开本：880 mm×1230 mm　　1／16　　印张：4.75
字数：79千字　　定价：70.00元

发行部：010-62100090　邮购部：010-62100072　总编室：010-62100034
海洋版图书印、装错误可随时退换

# 《海草床公众监测野外实用指南》

## 编写单位

· 海南省海洋与渔业科学院

· 德国莱布尼茨热带海洋研究中心

  (Leibniz Centre for Tropical Marine Research)

· 海南热带海洋学院热带海洋生物资源利用与保护教育部重点实验室

· 海南省林业科学研究院（海南省红树林研究院）

· 海南观鸟会

一本指导公众开展
海草床监测的
实用宝典

# 前　言

　　一提到草原，很多人会想到一望无际的内蒙古大草原。如果说海底也有"草原"，你信吗？海底确实有草原，它由大面积海草床构成。在海南岛沿岸多处，碧蓝清澈的海湾底层生长着，或曾经生长着这种翠绿茂盛的"海底草原"。

　　海草是一种非常独特的生活在近海区域的被子植物，常在沿海潮下带形成广大的海草床，对海洋生态环境发挥着极其重要的作用，更维系着人类的生存。但近年来，由于人类对近海海域频繁的干扰活动，海草栖息地环境不断地恶化，种类和分布面积也在不断地减少。因此，对海草资源的保护迫在眉睫。

　　随着海草保护意识的提升，一些政府、科研部门和民间组织开始对海草投入更多的研究和保护行动。那你是否想过，作为普通公众，其实也能参与到海草的保护行动中来呢！这种让普通公众"走进海草、认识海草、保护海草"的方式就是本指南中所提到的"公众科学"。

　　那如何利用公众科学的方式让公众参与到海草床的生态监测中来呢？其实在世界范围内，类似Seagrass watch, SeagrassNet 等海草研究和保护组织正在不断建立和完善适合公众参与的海草床监测方法。而目前国内对这方面的关注比较少，还没有一套简单可行、便于操作的指南。基于此，本编写组依据多年的海草调查与研究经验、结合近年来在海南岛开展公众监测的实践，并借鉴国际上比较成熟的方法，编制了这本面向公众的海草床监测指南。

　　该指南实践于海南岛，但不限于海南岛，旨在为全国各地开展公众海草床监测提供实用、可行的方法指导。希望可以通过引导志愿者和当地社区群众参与的方式，来提升公众对海草床生态系统重要性的认识。

# 目 录

# 第一章　海草小科普

　　很多人都听闻过"海草"的大名，却对它不甚了解，本章就让我们先来一探究竟，一起了解一下海草到底是啥、住在哪里、长啥样，以及它在海洋世界中到底扮演着多么必不可少的角色吧！

# 海草是什么？

海草是一种水下开花植物（被子植物），一般生活在热带和温带浅水海域。它在大概100万年前由陆生植物进化而来，被认为是在演化过程中再次下海的植物。

1. 海草是世界上唯一可以完全生活在水下的开花植物。

2. 大概是因为长得像"草"，所以叫海草。

3. 但海草不是"草"，和海藻、海带也完全没关系。

4. 虽然长得像草，但它其实和百合及兰花的关系比较近哦！

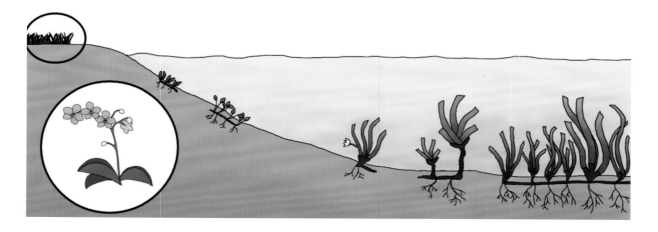

海草在水下生活，但也需要阳光，所以它们一般分布在 20 m 以内的低潮带和潮下带，6 m 以内的浅水区域是海草分布的主要区域，在有些地方，最深在水下 90 m 处也能找到海草的身影。

海草可以单独生长，也可以簇拥着形成海草床。一般在温带地区生活的海草，喜欢单独生长，而在热带和亚热带地区的海草，则喜欢混合着生活，生活在一起的海草种类可以达到12种之多。

# 海草长啥样？

　　海草种类多样，大小、形状都各不相同。小的只有指甲盖般大小，大的则长达 7 m，比长颈鹿还要高！海草的身体紧贴海底，虽然随着波浪前后摇摆，但柔软的它可不会轻易被折断哦！和它们陆上的兄弟姐妹（被子植物或开花植物）一样，海草会开花和结果，自然也有根、茎、叶的划分。

海草的根和茎横着匍匐生长在地下，根部深扎在沉积物中吸取着营养物质。海草的地上部分则是形状各异的叶子，有椭圆状、条带状、长形针状等各种形状。一部分物种的叶片基部还有叶鞘保护着娇嫩的叶片，有些叶片与叶鞘相接处还有一片突出物，叫叶舌。

**海草可不是海藻哦！**

　　人们经常将海草与海藻混为一谈。但其实，海草可比海藻有料多了！海草有真正的根、茎及叶，但海藻却只是能进行光合作用但构造简单的生命体，没有根、茎、叶等器官，大多从环境中直接吸收养分或者交换物质。而且，海藻不会开花结果，海草可以！

# 海草如何繁殖？

海草可以通过根茎克隆的方式进行无性繁殖。虽然海草的花大多数都非常简单并且不明显，但也可以通过传粉的方式进行有性繁殖。而且，大部分海草都是雌雄异株。

海草大部分时间都是生活在水下的，但是水里并没有鸟，没有蜜蜂和昆虫这些常见的陆地传粉媒介，它们是怎么进行传粉呢？

其实，海草的传粉方式是多种多样的。

- 有的海草，例如海菖蒲，主要是在低潮期，以风为媒介进行传粉，当花朵高出水面时，风便会将花粉带到别处。
- 二药草*Halodule*群体也是在低潮期间传粉，只不过是把花粉释放在水面上。
- 泰来草是通过释放比水比重大的花粉在水下进行传粉。

海菖蒲花果

而最近的研究还发现，还有一种"海底蜜蜂"的存在！原来海底的无脊椎动物也可以像陆地上的蜜蜂一样，积极地为海草的花授粉。

当传粉成功后，会结出果实，里面的种子会慢慢地发芽长成新的植株。

卵叶喜盐草果

泰来草果

# 海草非常重要，为什么？

海草有着重要的生态价值和功能。

海草床是海洋生物多样性的中心，是许多海洋生物的栖息地和庇护所，也给一些"草食系"海洋生物提供了食物，如儒艮、绿海龟、海胆、海马、蟹类、沙虫等。详见附录图鉴3：海草床中常见鱼类及其他类生物。

作为与珊瑚礁和红树林齐名的海洋生态系统，海草床海草资源流失率与热带雨林相当，却很少受到关注。

> 全世界被海草床覆盖的海洋面积不到0.2%，却贡献了海洋生态系统总碳储量的15%。

海草还有净化功能，它通过过滤水体中的养分和污染物来改善水质。

海草吸收二氧化碳，释放氧气溶于水体，能够补充渔业所需的溶解氧，有效改善渔业环境。

海草结实的根状茎可以稳定海洋沉积物，从而减弱海浪和水流，维护海岸稳定。

海草发达的根系在稳定海岸的同时，对海洋底栖环境具有保护作用。

数千年以来，海草还被懂得物尽其用的人类用来当作房屋的隔离层或肥料！

# 第二章　海草去哪儿了？

　　功能强大的海草在我国沿海并不少见，跨越九大省份，从渤、黄海一直延伸到南海沿岸。对比南海和渤、黄海的海草分布区，前者种类更为丰富，分布面积也更大。

　　本章将呈现中国常见种类及海南省海草的分布情况。而从变化趋势我们也可以了解到，我国乃至世界范围内的海草在人类活动的影响下正逐渐消失……

# 世界主要海草分布区域

　　海草主要分布于热带和温带的沿岸海域，最北至北纬70°30′的挪威Veranger海湾，最南至南纬54°的麦哲伦海峡。全球有三个明显的海草多样性中心，最大的位于东南亚岛国地区，其余两个海草多样性中心分别是日本与朝鲜半岛地区以及澳大利亚西南部沿岸地区。Short等[1]根据海草群落物种组成、分布范围及丰度和温度带将全球海草划分为六大区系：温带北大西洋区系、温带北太平洋区系、地中海区系、温带南大洋区系、热带大西洋区系和热带印度-太平洋区系。海草在世界范围内主要集中在东半球，热带印度-太平洋区系是海草物种丰度最高的区域。

　　主要由于人类活动的影响，全世界海草床大规模发生退化。自1980年以来，全球范围内海草床面积正以110 km$^2$/年的速度减少，约1/3的海草床面积已经消失，且年平均退化速度逐年加快。

---

① Short F T, Carruthers T J B, Dennison W C, et al., 2007. Global seagrass distribution and diversity: A bioregional model. Journal of Experimental Marine Biology and Ecology, 350(1): 3-20.

# 中国海草分布及常见种类

我国海草分布从渤海及黄海沿岸海域一直延伸到福建、台湾、广东、广西沿岸，以及海南岛和西、南沙群岛沿岸。我国沿海海草种类共有4科10属22种，其中北方区域3属9种，主要以鳗草、宽叶鳗草、日本鳗草及红纤维虾形草为主；南方区域9属15种，常见种有泰来草、海菖蒲、圆叶丝粉草与卵叶喜盐草等。海南海草种类最为丰富，东海岸有2科6属10种。

华南地区常见的海草有12种，分别为：圆叶丝粉草（*Cymodocea rotunda*）、齿叶丝粉草（*Cymodocea serrulata*）、单脉二药草（*Halodule uninervis*）、羽叶二药草（*Halodule pinifolia*）、针叶草（*Syringodium isoetifolium*）、海菖蒲（*Enhalus acoroides*）、泰来草（*Thalassia hemprichii*）、小喜盐草（*Halophila minor*）、卵叶喜盐草（*Halophila ovalis*）、贝克喜盐草（*Halophila beccarii*）、日本鳗草（*Zostera japonica*）、鳗草（*Zostera marina*）。

眼子菜科（海神草亚科）

丝粉草属

圆叶丝粉草
*Cymodocea rotunda*

齿叶丝粉草
*Cymodocea serrulata*

# 眼子菜科（海神草亚科）

## 二药草属

单脉二药草
*Halodule uninervis*

羽叶二药草
*Halodule pinifolia*

## 针叶草属

针叶草
*Syringodium isoetifolium*

# 水鳖科（水鳖亚科）

## 海菖蒲属

海菖蒲
*Enhalus acoroides*

## 泰来草属

泰来草
*Thalassia hemprichii*

# 水鳖科（水鳖亚科）

## 喜盐草属

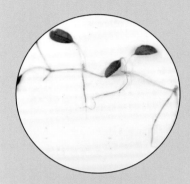

小喜盐草
*Halophila minor*

卵叶喜盐草
*Halophila ovalis*

贝克喜盐草
*Halophila beccarii*

# 鳗草科

## 鳗草属

日本鳗草
*Zostera japonica*

鳗草
*Zostera marina*

# 海南的海草分布及现状

海南岛海草总种类数为2科8属14种，常调查到的有2科6属10种（表1），常见种2科6属8种。海南岛周边区域海草主要分布在海湾、潟湖和离岸岛沿岸，其中海湾沿岸区域主要包括铜鼓岭、东郊椰林湾、高隆湾至冯家湾、青葛港至潭门港、日月湾、土福村赤岭、大东海、小东海、鹿回头、牛车湾和后海湾等，潟湖沿岸区域主要包括花场湾、东寨港、新村港、黎安港、铁炉港、老爷海和小海等，离岸岛沿岸区域主要包括大洲岛和西瑁洲等。其中，海南岛东部海岸为珊瑚碎屑及砂石等底质，部分区域为泥砂质，调查到的常见海草有2科6属8种，主要以植株高大的海菖蒲及植株中等的泰来草为主，其次为圆叶丝粉草、齿叶丝粉草、单脉二药草、针叶草、小喜盐草及卵叶喜盐草等；海南岛西部海岸水体浑浊且近岸多为泥砂质底质，海草种类以植株矮小、叶片呈圆形或椭圆形的贝克喜盐草及卵叶喜盐草为主，如临高红牌及马袅沿岸以贝克喜盐草分布为主，卵叶喜盐草少量分布，此外，临高博纵沿岸有泰来草分布；

## 表1 海南海草种类

| 科 | 属 | 中文名 | 拉丁名 |
|---|---|---|---|
| 眼子菜科 | 丝粉草属 | 圆叶丝粉草 | *Cymodocea rotunda* |
| | | 齿叶丝粉草 | *Cymodocea serrulata* |
| | 二药草属 | 单脉二药草 | *Halodule uninervis* |
| | | 羽叶二药草 | *Halodule pinifolia* |
| | 针叶草属 | 针叶草 | *Syringodium isoetifolium* |
| 水鳖科 | 海菖蒲属 | 海菖蒲 | *Enhalus acoroides* |
| | 泰来草属 | 泰来草 | *Thalassia hemprichii* |
| | 喜盐草属 | 小喜盐草 | *Halophila minor* |
| | | 卵叶喜盐草 | *Halophila ovalis* |
| | | 贝克喜盐草 | *Halophila beccarii* |

海南岛南部海岸为珊瑚碎屑及砂石等底质，海草分布种类有 2 科 5 属 5 种，主要以植株中等、叶片呈镰刀形的泰来草为主，其次为圆叶丝粉草、海菖蒲、卵叶喜盐草及单脉二药草，泰来草广泛分布在后海湾、鹿回头、西瑁洲岛、牛车湾和小东海等开放式海湾，圆叶丝粉草在后海湾及西瑁洲岛成片或呈斑块状分布，卵叶喜盐草与海菖蒲分布在铁炉港潟湖；海南岛北部海岸为砂质底质，海草分布稀少，仅在文昌北部湖心港调查到泰来草。

海南岛海草资源与世界其他区域一样，一直处于持续退化状态，主要退化区域有文昌高隆湾、冯家湾及长圮港，琼海青葛港、潭门港，万宁日月湾，以及三亚铁炉港、小东海等区域。三亚后海、牛车湾，临高新英湾、红牌，澄迈花场湾，以及海口东寨港海草相对稳定。

西沙海域各岛礁主要分布的海草种类有泰来草和卵叶喜盐草。南沙7个岛礁中的赤瓜礁有卵叶喜盐草和圆叶丝粉草分布。

## 海草床的消失及原因

　　海草有着重要的生态价值和功能，但在全球范围内，由于人类对近海海域的干扰，海草床正以每年7%的速度在减少，约有14%（10种）的海草种类正面临灭绝的风险！

　　我国海草资源也面临着逐渐衰退的风险，衰退的原因包括多个方面，主要影响因素包括陆源污染、海洋工程、渔业活动，以及极端天气等自然灾害。

　　海草作为一种高等海洋沉水植物，其本身具备高等植物的一些特性，如通过根吸收营养物质，通过叶片等进行光和作用等，不同的海草种类对其生长环境具有一定的要求，不利的海洋环境会导致海草资源退化，甚至是区域性消失。

在全球范围内，相当于足球场大小的海草床，每30分钟就会消失一个。

本图片为海草被附生藻覆盖。

**陆源污染**

- 农业污水排放。
- 杀虫剂和除草剂的使用。
- 城市生活污水排放。
- 水产养殖废水排放。

陆源污染导致大型海藻暴发引起光遮盖是造成海草衰退的一个重要原因，在水交换弱的潟湖尤为显著，如海南新村港和小海；水体中营养盐的增加，在提高海草枝茎表面附着藻类的覆盖率的同时，也降低了海草枝茎数量，抑制海草生长；溶解性无机氮（DIN）浓度可以作为水污染强度的一个指标，如果海草长期暴露于浓度大于8μM DIN的环境中，就会死亡。

**海洋工程和渔业作业**

- 港口建设以及填海造地等导致海草被直接清除或掩埋，海草群落和海草底栖生物区域性灭绝。
- 围、填、挖等工程施工建设过程导致海水中悬浮物增加，悬浮物扩散并沉降黏附在海草表面引起光衰。
- 围填海工程也可能改变海流和波浪作用，引起泥沙运动，造成二次掩埋海草。
- 渔民在海草床内电鱼、毒鱼、炸鱼，直接影响海草的正常生长。
- 渔业作业中的船、桨、锚、网以及贝类挖掘都会对海草床造成物理伤害。

**自然灾害和其他**

- 风暴潮、台风将海草连根拔起。
- 洪水埋没海草，影响海草光合作用，同时改变海草生境中的底质、盐度，对海草的生长造成巨大扰动，从而导致死亡。
- 环境变化造成水温、盐度或浑浊度变化，影响海草生长。
- 石油溢漏、排放和其他海洋污染，导致海草生境胁迫，最终死亡。

# 第三章　海草鉴别速成宝典

　　面对海草床这一重要生态系统的衰退甚至消失，你或许会问，我能够做什么？其实，只要想为保护事业贡献力量，"公民"也能成为"科学家"。

　　当然，你必须首先了解海草，并有一双能够快速鉴别不同海草的慧眼。其中有两个关键：一是看叶片的形状，二是注意叶片下面的茎长啥样。收下下面这份速成宝典，包你对（上章所提及）华南地区常见海草的不同特征了如指掌，一抓一个准！

# 看叶片识海草

叶片形状是识别海草最直接也是最重要的特征之一，根据主要海草叶片的形状，可以分为"椭圆形或者长矩形，线形和带形"。

| 表1　看叶片识海草 | | |
| --- | --- | --- |
| 叶片呈椭圆形或者长矩形 | | 喜盐草属 |
| 叶片呈线形 | | 针叶草属 |
| 叶片呈带形 | | 鳗草属<br>丝粉草属<br>二药草属<br>海菖蒲属<br>泰来草属 |

# 1. 叶片呈椭圆形或者长矩形

看到一片海草的叶片呈椭圆形，你基本可以判断它是喜盐草属。

## 卵叶喜盐草（*Halophila ovalis*）

最为常见的卵叶喜盐草，叶片形状为近圆形或者椭圆形，边缘光滑，没有叶毛。叶子表面有3条叶脉，中间那条最为明显，横脉多于10对。如果你有幸看到开花的卵叶喜盐草，你会发现它的雌花与雄花分别生长于不同的株体。

## 贝克喜盐草（*Halophila beccarii*）

根状茎纤细，匍匐，节间长1～2 cm，叶鞘贴近茎，膜质透明，外叶长2～3 mm，宽2～2.5 mm；直立茎短，长1～2 cm。叶片4～10个，簇生直立茎顶端，呈椭圆形或披针形。

## 小喜盐草（*Halophila minor*）

根状茎，匍匐，纤细，易断，多分枝；节间长1～3 cm，每节生纤细根1条，2个叶鞘透明。叶片较小，椭圆形或圆形，宽度0.7～1.2 mm，长度2～4 mm，顶端尖或微缺。次级横脉3～8对，不明显。花单性，雌雄异株。

## 2. 叶片呈线形

如果你看到的海草叶片是细细长长的，像松树及木麻黄等的叶子，呈线形，那它大概是针叶草属针叶草。这种海草的特征是——叶片顶端尖。

## 3. 叶片呈带形

假如你偶遇了像丝带一样随着浪花舞蹈的长条带状叶片，那它可能属于海菖蒲属、泰来草属等。它的特征是——叶片"长"且"扁"，记住这两个关键词。

然而，当你光看叶子无法鉴别时，那你就要把目光移向海草的"地下部分"了！

# 看茎识海草

## 我们可以把有叶片的 海草分为两类

一类是叶片从根部直接发出

另一类是叶片下面有直立茎

第一类叶片从根部直接发出，也就是叶片直接连接着海草的根部。

这一类的典型海草是海菖蒲。海菖蒲身形比较大，叶片大多长于30 cm，宽于1 cm，像一条长长扁扁的丝带，在水中扭曲舞蹈；叶的边缘平整，前端有些圆滑。雌花与雄花分别生长于不同的株体。

第二类，叶片没有直接连接海草的根部，而是在两者之间多了直立茎作为衔接。

这种类型的海草较多，在此介绍5种常见带有直立茎的海草。

### 圆叶丝粉草
*Cymodocea rotunda*

根状茎匍匐；茎连着2~5个叶片，叶片呈线状，也有部分弯曲成镰刀状；叶片边缘有极细的锯齿；叶鞘比较平坦，呈三角形。

### 齿叶丝粉草
*Cymodocea serrulata*

根状茎匍匐；叶片宛如一条丝带，线形、扁平，叶片的基部较细较窄；具有叶耳和叶舌，叶鞘呈三角形；叶片脱落处常有开口的环状叶痕。

### 泰来草
*Thalassia hemprichii*

根状茎匍匐；叶片呈带状，但不像丝带那么长，而是呈镰刀状弯曲；叶片边缘平整；每节只长一片叶子，且各交互长出；叶片经常会有残缺。

### 羽叶二药草
*Halodule pinifolia*

根状茎匍匐；直立茎短，叶1~4个互生；叶片线形、扁平，顶端通常平截或钝圆，平行脉3条；花小，雌雄异株。

### 单脉二药草
*Halodule uninervis*

根状茎匍匐；叶片基部比较狭长，且有3条平行的叶脉，叶的前端常有3齿。

# 第四章　海草床生态监测指南

　　现在你已经掌握了海草鉴别的高超技能，是时候去海边遛一遛了。如何通过生态监测保护海草床？如何开展生态监测？本章将从监测前、中、后几个方面给你掰细了讲解，让你对海草床公众监测的全过程了如指掌，捧着手册就能用！

## 生态监测是什么？

- 重复观察某个生态环境，以了解其变化特征。
- 是用来评估环境的物理、化学和生物特征的一种综合性手段。

## 海草床生态监测是干嘛的？

- 评估海草床环境变化的原因。
- 确定海草床环境变化的方向和速度。
- 预计海草床变化影响的范围。

## 如何开展海草床生态监测？

　　不同的监测目标对应着不同的监测方法与指标。下面就从监测前准备、监测时步骤以及注意事项几个方面，让大家了解常用于潮间带海草床的监测方法。

一个好的生态监测应该具有：

- 清晰的目标；
- 确认的组织方和负责事项；
- 明确的监测指标和原因；
- 详细的野外监测计划；
- 明确的数据管理计划。

活学活用哦！具体使用时应根据需求自行调整监测指标。

# 海草床生态监测流程

制定监测方案

- 制定监测方案；
- 确定时间表、紧急联系人等；
- 开展监测前培训。

结束监测，整理数据

- 检查监测表格；
- 清理、打包设备；
- 整理数据。

监测与记录

- 给样方拍照；
- 记录沉积物类型；
- 估计海草的盖度；
- 辨别海草种类组成；
- 监测海草的株冠高度；
- 监测栖息生物等。

### 准备设备与材料

- 根据清单做准备。

### 确定监测区域

- 确定监测区域的选择标准;
- 根据标准选择监测区域。

### 布设监测断面

- 布设监测断面;
- 标记监测区域与断面;
- 设置样方。

# （一）监测前准备

✅ **制定详细的海草床监测方案**

- 查潮汐表，制定监测方案，选取低潮位的时间开展监测。
- 制定时间表：监测当天具体的时间表。
- 确定紧急联系人。
- 开展行前培训。

✅ **根据设备与材料清单，准备相关物资**

- 手持GPS定位仪，1台。
- 指南针，1个。
- 50 m测量钢尺，3个。
- 50 cm塑料样方固定钉，6个。
- 50 cm×50 cm的标准样方，1个。
- 监测区域地图或者示意图。
- 放大镜，1个。
- 海草床监测表格（附录表格1）。
- 大型底栖生物采集记录表（附录表格2）。
- 常见海草种类及海草床生境图片（附录图鉴1）。
- 海草盖度对比卡（附录图鉴2）。
- 海草床中常见鱼类及其他类生物图片（附录图鉴3）。
- 常见大型藻类图片（附录图鉴4）。
- 常见大型底栖动物图片（附录图鉴5）。
- 相机，1个。
- 大型底栖生物采集样品瓶，1个。
- 乙醇，1瓶。
- 样方标记标牌，2个。
- 三重刺网，2张。
- 铅笔、橡皮、夹板，若干。
- 塑料扎线带，若干。
- 水下浮标和不锈钢的追踪器或者绳索。

# （二）确定监测区域

监测的目的是测量此区域海草床随时间的变化，并不是海草床内部的不同。因此当选择监测区域时，需考虑以下几个因素：

- 区域地势平坦，没有突出的高地或者陡坡。

- 海草是此区域的优势物种。

- 此区域的海草床涵盖了此地大部分的海草物种，反映了海草的普遍生长状况。

- 整个区域海草床分布比较均匀，变化性较低，可以进行重复测定。

- 如果要设置永久性样地，我们还需要与当地的相关部门联系，确认是否需要相关的样地设置许可。

# （三）布设监测断面

## 1. 布设监测断面

确定了合适的监测区域之后，需要在垂直于海岸方向设置 3 个监测断面，每个断面之间隔开 25 m，平行设置，如右图示意。

## 2. 标记监测区域与断面

为了节省使用的设备，我们只需要对中间断面（上图所示的断面A）进行标记。

- 首先，将一个样桩固定在地下 10 cm 处，将一个浮标和样地标记牌固定在样桩上。

- 之后，用GPS记载此地的坐标，再用指南针记录断面的走向。

- 接着，沿着断面的走向往前走 50 m（用直尺丈量），在 50 m 的尽头，同样使用浮标和样地标记牌标记此地。

- 断面B和断面C在断面A两侧平行位置的 25 m 处。

## 3. 样方设置

用 50 m软尺标出3个平行断面。在每个断面 0 m处的左边放置样方框，此后每隔 5 m进行重复设置与测量。

# （四）监测与记录

## 1. 给样方拍照

一般情况下，选择每个断面的 5 m、25 m和 45 m处对样方进行拍照，然后将照片序列填至"海草床监测表格"（附录表格1）中。

## 2. 记录沉积物类型

根据主要沉积物的颗粒大小进行大致分类，主要包括：

- 泥质：质地比较光滑，有一定黏性；颗粒物粒径 ＜ 63 mm。
- 粉砂：质地较细，含少量的岩石碎粒，黏性差；粒径介于砂和黏土颗粒之间。
- 砂：疏松的、未黏结的粒状物质；粒径 0.25 ～ 0.5 mm。
- 粗砂：疏松的、较大的颗粒；粒径 0.5 ～ 1 mm。
- 沙砾：粗糙的沉积物，混杂着小石块；粒径 ＞ 1 mm。

如果看到混杂的贝壳类，也可以记录下来。

## 3. 估计海草盖度

根据"海草盖度对比卡"（附录图鉴2）估计、记录每个样方内的所有海草的总的覆盖度。如果样方内没有海草分布，则覆盖度记为0。

## 4. 辨别海草种类组成

根据本监测指南中第三章"海草鉴别速成宝典"及附录图鉴1"常见海草种类及海草床生境照片"辨别海草的种类，再根据"海草盖度对比卡"（附录图鉴2），记录不同海草的盖度，按照从盖度低到盖度高的顺序依次记录。

## 5. 测量海草的株冠高度

在样方内，随机选择3株海草，用直尺测量每株海草最长叶片的长度，单位为cm。最后计算平均叶片长度，即为海草株冠高度。

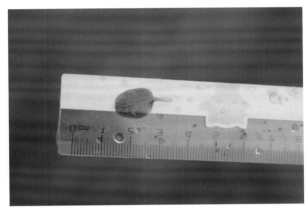

## 6. 估计海藻的盖度

首先估计海草叶片上被海藻附着的比例，然后估计被海藻覆盖的总体叶片的比例。同时，根据附录图鉴4"常见大型藻类"识别并记录观察到的海藻种类。

例如，有20%的海草被海藻附着，同时每个海草叶片被覆盖的比例大概是50%，那么总的比例就大概是10%。

## 7. 海草栖息生物分析

根据附录图鉴5"常见大型底栖动物"，识别调查样框内的大型底栖动物，并记录至附录表格2"大型底栖生物采集记录表"。如果短期内无法辨别，可以将底栖生物捡起放入样品瓶内，采用乙醇固定，带回实验室鉴定分析。

放置三重刺网，30分钟后，将刺网收回，将刺网上的鱼类解下，鉴定其种类及生物学特征，物种鉴定参考附录图鉴3"海草床中常见鱼类及其他类生物"。

# （五）结束监测

作为监测的最后一步，你需要做的是：

- 检查监测表格是否正确填写。

- 从监测样地取走所有设备和仪器。

- 整理、打包设备。

- 整理数据，并发送至海草床生态监测活动相关负责人。

# 海草床监测注意事项

## 环境风险

- 监测开始之前，评估周边的环境风险，检查包括天气、潮汐、时间等在内的一系列因素。
- 在样地行走时，注意地上的碎玻璃、牡蛎等。
- 注意观察未知的水域、潮汐和波浪等。
- 避开危险的海洋动物。

## 事故预防

- 如果监测区域涉及私人领地，需事先获得许可。
- 如果监测队伍中有孩子，需事先获得家长的许可。
- 随身携带急救箱，如果遇到海蜇或者其他海洋动物叮咬，要马上处理。
- 随身携带通信设备。
- 如果需要浮潜，需严格遵循相关的浮潜安全标准。

## 其他

- 负责人须告诉紧急联系人员具体的监测位置及预计所需时长。
- 不要留下任何垃圾。
- 根据天气情况，穿合适的鞋子和衣服，注意防晒。

# 第五章　公众保护行动

你能为正在消失的海草床做些什么？

保护海草床需要许许多多人的共同努力！作为普通公众的你，只要有足够的热情和行动力，都可以通过以下方式，参与到海草床的生态保护中来！这其中最直接的方法就是——

# 成为海草床监测志愿者

如今已有许多环保部门和民间组织号召志愿者开展海草床监测，希望通过公众参与的方式影响更多人关注海草床生态保护。现在，你一定对成为海草床监测志愿者跃跃欲试了吧！请关注此类志愿者招募信息，传播分享给身边热爱自然、关注保护的好友，一起报名、参加培训、参与调查，成为一名海草床监测志愿者吧！

### 参与其他生态调查志愿活动

　　一旦你入了海草床这个"坑"，你会发现海草床保护与其他海洋生物、鸟类的生存息息相关，除了关注和保护海草床，更应该着眼于整个海洋、湿地生态环境系统。当你在好友圈或媒体看到鸟类监测、生物多样性调查等活动，不妨去了解了解。在一次次身体力行参与的生态保护活动中，你不仅会更加了解自然，而且也为生态环境保护做出了贡献。

### 参与其他海洋或湿地保护活动

　　各级管理部门每年都会开展各类海洋或湿地环保行动，例如"海洋环境保护行动""世界湿地日""爱鸟周"等公众宣传活动，一些民间组织如三亚"蓝丝带海洋保护协会"会开展清洁海滩行动，一些自然教育机构会开展湿地宣讲活动……积极了解和参与这类行动，积极传播和分享活动的理念，你就是海洋保护的坚实后备力量！

### 主动学习和传播海草生态知识

　　除了通过活动了解和学习海草生态知识，有强烈好奇心和贡献欲的朋友们，还可以通过网络平台、与专家交流等学习海草专题知识，并分享给身边的亲人和朋友，号召更多的人关注海草床保护，关注海洋生态环境！

# 附录表格1：海草床监测表格

每张表格用于一个监测断面
断面开始时的GPS坐标：
断面结束时的GPS坐标：

监测人员：　　　日期：　　　年　月　日
地点：
监测区域代码：　　　监测断面代码：
开始时间：　　　结束时间：

| 样方 | 沉积物 | 盖度/% | 物种组成/%（总的百分比要达到100%） | | | | | | 高度/cm | 海藻盖度/% | 拍照（√） | 其他 |
|---|---|---|---|---|---|---|---|---|---|---|---|---|
| | | | HU | HO | CS | TH | CR | EA | | | | |
| 1 (0 m) | | | | | | | | | | | | |
| 2 (5 m) | | | | | | | | | | | | |
| 3 (10 m) | | | | | | | | | | | | |
| 4 (15 m) | | | | | | | | | | | | |
| 5 (20 m) | | | | | | | | | | | | |
| 6 (25 m) | | | | | | | | | | | | |
| 7 (30 m) | | | | | | | | | | | | |
| 8 (35 m) | | | | | | | | | | | | |
| 9 (40 m) | | | | | | | | | | | | |
| 10 (45 m) | | | | | | | | | | | | |
| 11 (50 m) | | | | | | | | | | | | |

采集者：　　　记录者：　　　校对者：　　　第　页　共　页

HU: 单脉二药草；HO: 卵叶喜盐草；CS: 齿叶丝粉草；TH: 泰来草；CR: 圆叶丝粉草；EA: 海昌蒲。

## 附录表格2：大型底栖生物采集记录表

| \multicolumn{6}{c}{优势、主要种类记录} | | | | | |
|---|---|---|---|---|---|
| 次序 | 种 名 | 总个数 / 个 | 总重量 / g | 取回个数 / 个 | 备注 |
| 1 | | | | | |
| 2 | | | | | |
| 3 | | | | | |
| 4 | | | | | |
| 5 | | | | | |
| 6 | | | | | |
| 7 | | | | | |
| 8 | | | | | |
| 9 | | | | | |
| 10 | | | | | |

记事：

采集者：　　　　　记录者：　　　　　校对者：　　　　　　第　页　共　页

# 记　录

# 记　录

# 附录图鉴1：常见海草种类及海草床生境图片

泰来草

泰来草

海菖蒲

海菖蒲

雄性海菖蒲的佛焰苞

雌性海菖蒲的佛焰苞

圆叶丝粉草　　　　　　　　　　　　　　　　圆叶丝粉草

单脉二药草　　　　　　　　　　　　　　　　单脉二药草

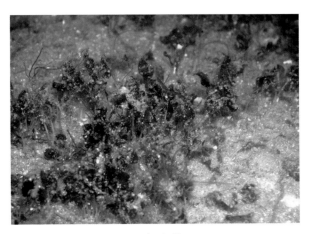

小喜盐草　　　　　　　　　　　　　　　　小喜盐草

卵叶喜盐草

卵叶喜盐草

卵叶喜盐草

针叶草

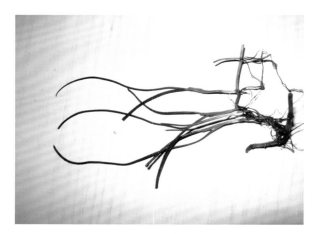

针叶草

针叶草

齿叶丝粉草　　　　　　　　　　　　齿叶丝粉草

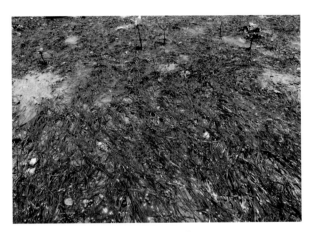

羽叶二药草　　　　　　　　　　　　羽叶二药草

贝克喜盐草　　　　　　　　　　　　贝克喜盐草

圆叶丝粉草海草床

泰来草海草床

贝克喜盐草海草床

海菖蒲海草床

羽叶二药草海草床

石莼覆盖的海草床

# 附录图鉴2：海草盖度对比卡

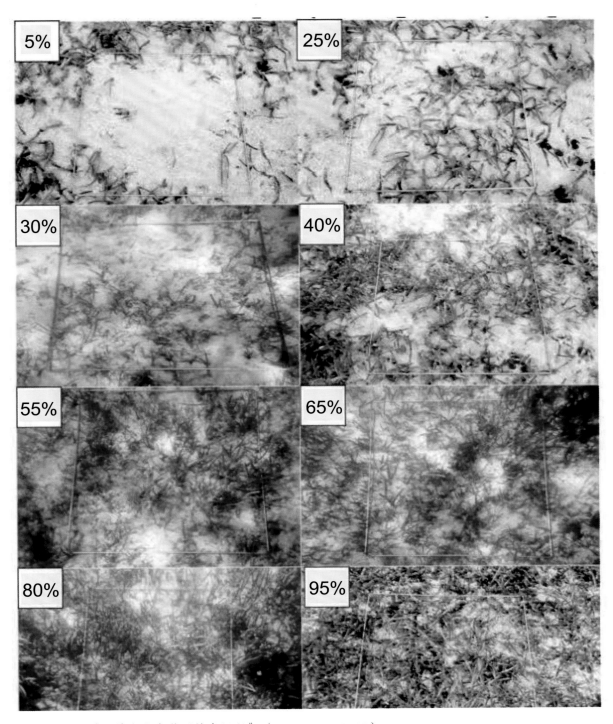

资源来源：《海草床生态监测技术规程》（HY/T 083—2005）。

# 附录图鉴3：海草床中常见鱼类及其他类生物

尖吻单棘鲀

六斑刺鲀

黑斑叉鼻鲀

米斑箱鲀

横带扁背鲀

黄斑篮子鱼

花斑叉指蓑鲉

线纹鱼

多带拟鲈

眶棘鲈

云纹海鳝

条纹虾鱼

儒艮（来自网络）

绿海龟（来自网络）

栅纹眶棘鲈

鳞烟管鱼

# 附录图鉴4：常见大型藻类

鹿角网地藻

琼枝麒麟菜

锯叶蕨藻

总状蕨藻

齿形蕨藻

棒叶蕨藻

小团扇藻

珊瑚藻

旋叶藻

喇叭藻

重缘马尾藻

网球藻

枝状叉节藻

叶状叉节藻

环蠕藻

圈扇藻

囊藻

耳壳藻

# 附录图鉴5：常见大型底栖动物

小狐菖蒲螺

带鹑螺

奥莱彩螺

纵带滩栖螺

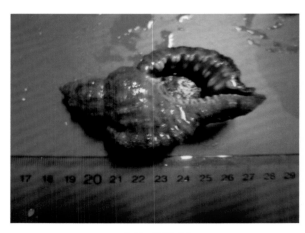

波纹嵌纹螺

毛嵌线螺

铁斑风螺

节蜑螺

秀丽织纹螺

鳞杓拿蛤

矮尖壳蛤

球蚶

毛蚶

凸加夫蛤

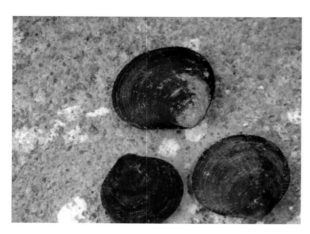

橄榄血蛤

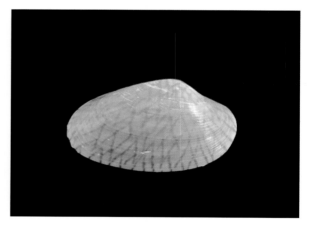

波纹巴非蛤

菲律宾偏顶蛤

棕带仙女蛤

梳纹加夫蛤

虎斑宝贝

货贝

环纹货贝

黑珠母贝

黑口滨螺

沟纹笋光螺

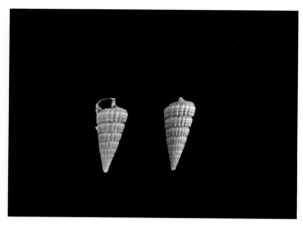

珠带拟蟹守螺

小翼拟蟹守螺

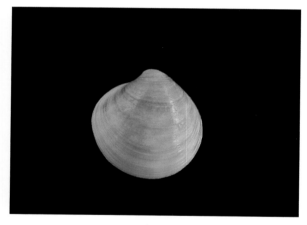

青蛤

泥蚶

紫文蛤

皱肋文蛤

疏纹满月蛤

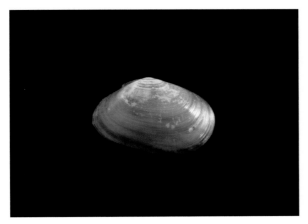

中国紫蛤

菲律宾蛤仔

无刺短桨蟹

远海梭子蟹

面包蟹

海参

秀丽长方蟹